VOYAGE IMPRÉVU

DANS LE PAYS DES INTELLIGENCES,

OU

QUELQUES PRÉDICTIONS

TRÈS REMARQUABLES

DE

NOSTRADAMUS,

VÉRIFIÉES EXACTES,

ET EXPLIQUÉES PAR LE DOCTEUR LECABEL.

PARIS,

MONTMAUR, LIBRAIRE,

RUE DE SEINE, 54.

AOUT 1836.

VOYAGE IMPRÉVU

DANS

LE PAYS DES INTELLIGENCES.

> Les prophéties sont souvent exprimées en termes indéfinis : le temps présent est mis pour le passé et pour le futur.
>
> PANTENUS. (1)

Je ne sais si le génie Hariel, esprit super-céleste, tout puissant suivant la pythonisse française (1), s'était complètement emparé de tout mon être matériel : mollement assis, près d'un feu doux, dans mon large fauteuil, je ne me sentais ni éveillé ni endormi, lorsqu'au milieu d'un vague indéfinissable des sens et comme si je n'appartenais plus à la terre, apparaissent à mon esprit étonné, et les clavicules

(1) Saint Pantenus, philosophe stoïcien enseigna sous l'empereur Commode dans la célèbre école d'Alexandrie, où, depuis saint Marc fondateur de cette église, il y a toujours eu quelques théologiens qui expliquaient l'écriture sainte. Il a composé des commentaires sur la *Bible* qui ne sont pas parvenus jusqu'à nous.

(2) Mlle. M. A. Le Normand. Voir les souvenirs prophétiques d'une sibylle, etc. Paris, 1814.

de Salomon (1), et l'Enchiridion (2), et le livre admirable de saint Césaire (3), et les œuvres de Jean Belot, curé de Mil-Monts, professeur aux sciences divines et célestes, et dont un auteur a dit :

> Ce que le Chaldéen et le mage savant
> N'ont acquis par les arts de l'osbcure magie,
> Tu l'as acquis, Belot, et le mets en avant
> Sous les secrets divins de la philosophie.

Et enfin Michel de Notre-Dame, médecin célèbre, plus connu sous le nom de Nostradamus.

A ce nom, mon attention s'éveille et se fixe, et comme malgré moi, revient à ma mémoire ce que j'avais lu dans *les Anecdotes curieuses*.

En 1793, un détachement de Marseillais était à Salon. Le commandant se trouvant devant le tombeau de Nostradamus dit à ses camarades : ce prophète a annoncé dans ses prédictions que celui qui toucherait à ses cendres périrait tragiquement. Il faut que je sache s'il a dit vrai. En même temps il prend une masse et après plusieurs coups, enfonce

---

(1) On en trouve un manuscrit à la Bibliothèque royale, à Paris. C'est la bâse de la cabale.

(2) C'est la clé de l'œuvre hermétique. La meilleure édition est celle de Rome, 1525, in-24. — Ensuite vient celle de Lyon aussi in-24, de 1584.

(3) Mort en 552, né en 470. Il se consacra à Dieu dans le monastère de Lerins et devint évêque d'Arles. On lisait en 1793 ses prophéties écrites en latin à la Bibliothèque *nationale* ou royale de Paris. En voici le titre, à peu près semblable à un autre livre curieux : *Mirabilis liber qui prophetias, revelationes nec non res mirandas præteritas, præsentes et futuras apertè demonstrat.* Paris, 1540, 1 vol. in-8°.

le cercueil. Tous les assistans prirent des cendres et les emportèrent.

Le détachement quitte Salon pour se rendre à Marseille ; mais arrivé à la porte d'Aix, éclate une insurrection, le commandant violateur des tombeaux veut la réprimer, il est pris et pendu à une lanterne (1).

Cette prédiction si étonnemment vérifiée roule dans ma tête comme un sujet de mille questions diverses : comment Nostradamus procédait-il ? Etait-ce par la *nécromancie* (2), la *captromancie* (3), la *cabale* (4), la *physiognomonie* (5), la *scyomatie* (6), l'*astrologie judiciaire* (7), la *chiromancie* (8),

(1) Voir les souvenirs prophétiques d'une sibylle, p. 333 aux notes. Paris, 1814.

(2) Art de prédire l'avenir par l'inspection des cadavres.

(3) Cette divination a lieu en considérant de l'eau réfléchie dans un miroir.

(4) La cabale scientifique est de commercer avec les esprits, les sylphes, etc. C'est aussi la réunion de doctrine et de science transmise de vive voix ou tracée par des allégories. Elle a pour objet d'instruire en faisant bien connaître *Dieu*, l'*homme* et la *nature*. Les juifs la mettent en œuvre par le moyen des mots, des anagrammes, des transpositions de lettres et des paroles extraites de l'écriture sainte.

(5) La science explicative du caractère et des hommes par l'inspection de la figure.

(6) Evocation des ombres.

(7) C'est l'art de prédire l'avenir par les aspects, les positions et les influences des corps célestes.

(8) Divination par l'inspection de la main. Moïse a dit : *Erit quasi signum in manu tuá ;* et Isaïe : *Vitam manus tuæ invenisti.* » *In manu omnium signa ut noverint singuli opera sua.* (Job.) *Longitudo dierum in dexterá ejus et in sinistrá ejus divitiæ et gloria.* (Salomon.) Aristote recommande la chiromancie comme une *science positive.*

l'*onymancie* (1) , l'*onomancie* (2) , la *coscino-
mancie* (3), l'*honytomantie* (4), la *léchanomantie* (5),
la *pyromancie* (6), l'*œnistice* (7), l'*onimérancie* (8),
la *théphramantie* (9), la *capnomancie* (10), etc., etc.

Nostradamus opérait-il par le magnétisme (11), le somnambulisme (12), connaissait-il la palingénésie (13), ou bien par des combinaisons mathématiques parvenait-il à lire dans les astres les destinées humaines?

J'avoue franchement que l'idée de cette recherche ne s'est pas fixée dans mon esprit, qui se porte plus volontiers et de lui-même vers l'examen de ce qu'était Nostradamus pendant sa vie, et de ce qu'il y a eu de très remarquable dans ses productions.

§ 1ᵉʳ. Michel Nostradamus, autrement Nostre-dame, né le 14 décembre 1503 à Saint-Remy en

(1) Divination par trois bougies de cire-vierge , allumées en même temps.

(2) Divination par le nom.

(3) Divination par le crible.

(4) Divination par les ongles.

(5) Divination par le moyen d'un plat, dans lequel on répand un parfum préparé.

(6) Divination par le feu.

(7) Divination par les oiseaux.

(8) Explication de l'avenir par l'inspection de l'ongle du pouce.

(9) On expose de la cendre à l'action du vent du nord : à l'aide d'une lunette on examine les figures que trace la nuée factice, et on tire la conséquence.

(10) Divination par la fumée.

(11) Mise en contact des intelligences.

(12) Action du corps sous la seule direction de l'âme.

(13) Régénération et plus exactement réproduction du spectre d'un être quelconque, tel qu'il était avant qu'il fût réduit en cendres.

Provence, est mort le 2 juillet 1566, d'une goutte remontée. Son bisaïeul était médecin du bon roi René (1).

En 1556, il devint médecin d'Henri II, et l'était de Charles IX en 1564.

Il a été enterré dans l'église de Salon-de-Craux où on lisait l'épitaphe suivante :

D. O. M.

Ossa clarissimi Michaëlis Nostradami unius omnium mortalium judicio digni, cujus penè divino calamo totius orbis ex astrorum influxu futuri eventus conscriberentur. Vixit anno, 62, menses 6, dies 17. obiit Salonæ MDLXVI, die 2 julii.

Anna Pontia Gemella Conjugi optimo V. P.

Ici repose Michel Nostradamus digne des regrets de tous les mortels : sa plume presque divine a tracé, d'après l'influence des astres, les évènemens qui auront lieu par tout l'univers. Il a vécu 62 ans six mois dix-sept jours, etc.

PROPHÉTIES.

§ 2. Les principales éditions sont : 1° celle des *Centuries réunies, imprimées à Lyon chez Benoist Rigaud en 1558.* Elles ont été précédées par plusieurs fragmens imprimés à Avignon en 1556.

2° Celle de 1605, sans nom de ville ni d'imprimeur, portant qu'elle a été faite sur la copie imprimée de Benoist Rigaud en 1558.

Elle est sous le n° 4,622, lettre Y, à la Bibliothèque royale.

(1) Voy. *Chronique de Provence*, p. 628, 644, 648 et 726.

3º Celle de Troyes, , Pierre Chevillot, 1629.

4º Celle de Marseille, Claude Garcin, 1643.

5º Celle de Rouen, 1649, chez Caillové, Viret et Besongne.

6º Et celle de Leyde, 1650, qui se trouve à la bibliothèque du Panthéon.

La bonne édition est celle de Lyon, 1568. Elle se trouve à la Bibliothèque royale, sous le n° 4621, lettre Y.

On reconnaît les contrefaçons à ce que la 7e centurie contient 44 quatrains au lieu de 42, le 42e et le 43e ayant été ajoutés.

OUVRAGES DE MÉDECINE.

La réputation de Nostradamus comme astrologue n'était pas supérieure à celle qu'il obtint à juste titre comme médecin : Narbonne, Toulouse, Bordeaux, Agen et Marseille rendirent hommage à ses talens, et notamment Aix où il fut pendant trois ans aux gages de la cité, et y donna des preuves de courage et de savoir pendant la peste qui désola cette ville en 1546 (1).

On a de lui les ouvrages suivans :

Singulières recettes pour la santé du corps humain. Poitiers, 1556.

Moyens de conserver le teint frais, la beauté de la figure et du corps en son entier. Plantin, Anvers, 1557.

Traduction de la paraphrase de Gallien sur l'exhortation de Ménédote. Antoine de Rhosne, Lyon, 1557.

(1) Voy. *le Théâtre du Monde*, par de Launay.

(9)

§ 3. Outre ses Centuries, on connaît de Nostradamus quelques prédictions séparées que l'histoire nous a transmises.

Interrogé par Marguerite de France, duchesse de Savoie, alors enceinte, sur l'enfant qu'elle portait, il répondit que la princesse accoucherait d'un fils qui s'appelerait Charles et serait le plus grand capitaine de son siècle. Ce qui se vérifia complètement dans la personne de Charles-Emmanuel (1).

Il obtint du gourverneur du roi de Navarre de voir, tout nu, ce jeune prince, âgé alors de onze ans ; et, après examen, il prédit que cet aimable enfant serait roi de France et règnerait assez long-temps (2).

Il pronostiqua lui-même sa mort (3) et d'une manière très exacte en ces termes :

De retour d'ambassade, don de roi, mis au lieu :
Plus n'en fera, sera allé à Dieu.
Parens plus proches, amis, frères de sang
Trouvé tout mort près du lict ou du banc.

Ce dernier de ses présages est fort facile à entendre pour quiconque à lu les historiens : en effet, de *retour d'ambassade*, c'est-à-dire à son retour du voyage qu'il fit à Arles pour y voir Charles IX et sa cour. *Don du roi*, Charles IX lui donna deux cents

(1) Voy. *Hist. générale de la maison de Savoie*, tom. 1, page 78.
(2) Gaufridi, *Hist. de Provence*, p. 526.
(3) A la fin de juin 1556, et il mourut le 2 juillet, il écrivit de sa main aux éphémerides de Stadius : *Hic propè mors est*, ici prochainement est la mort ; et il dit à Edme de Chavigny, l'auteur de sa vie, placé à la tête de l'édition de..... : *Vous ne me verrez pas en vie au soleil levant.*

écus d'or, *mis au lieu*, rentré à Salon qu'il habitait, *plus n'en fera*, il ne fera plus de prophéties.

Ajoutez à ces détails qu'on le trouva mort *assis*, sur un banc près de son lit, et vous aurez une idée favorable à ses prévisions.

Vous en aurez une parfaite de la bonté de son cœur si vous vous rappelez sa maxime favorite et toute de charité chrétienne :

La *main* du pauvre est la bourse de Dieu.

§ 4. Nostradamus a eu de très grands partisans (1) et des ennemis acharnés (2).

Les unes n'étaient pas plus réfléchies que les autres et s'il y a eu de l'exagération d'un côté, peut-être y eut-il de l'injustice de l'autre ?

Jodelle fit contre ses travaux astrologiques, ce distique :

Nostra damus cum falsa damus, nam fallere nostrum est ;
  Et cum falsa damus, nil nisi Nostradamus (3).

On y répondit :

Vera damus cum verba damus quæ Nostradamus dat ;
  Sed cum vestra damus, nil nisi falsa damus (4)

(1) Voy. *Eclaircissemens des véritables quatrains de Nostradamus , Concordance des Prophéties de Nostradamus.*

(2) Voy. *les Contredits aux fausses et abusives prédictions de Nostradamus et autres astrologues ,* par Couillard du Pavillon. Paris, 1560.

(3) Lorsque nous donnons des choses erronnées c'est de notre propre crû, car l'erreur est notre partage, mais lorsque nous émettons des erreurs, ce n'est que du Nostradamus que nous donnons.

(4) Quand nous produisons des erreurs c'est notre œuvre car l'erreur est le fruit de l'homme, et quand l'erreur parle c'est toujours vous qui parlez.

Et on y répliqua encore :

Nostradamus cum vera damus quæ Nostradamus dat
  Nam quæcumque dedit, nil nisi vera dedit (1).

Nostradamus lui-même répondit :

J'annonce vérité simplement et sans pompe
Et mon présage vrai nullement ne me trompe.

§. 5. Les évènemens auxquels se rattachent les prophéties de Nostradamus, doivent se prendre et se compter du 14 mars 1557, deux ans après la première édition de ses trois ou quatre premières centuries (2), jusqu'en l'année 3797 (3).

§ 6. Pour bien expliquer notre oracle il faut suivre la méthode des bons théologiens et des vrais jurisconsultes, c'est-à-dire, éclaircir le texte par le texte, en combinant les passages, et en les mettant en présence les uns des autres pour en déduire le véritable sens.

Il faut en outre se rendre compte, autant que possible, de l'esprit qui l'animait. C'est dans la préface qu'il écrivait lui-même à son fils César et dans le premier quatrain de ses centuries, que je l'ai cherché et que je me l'explique.

Nostradamus part de ce point : Tout est régi par la puissance de Dieu : c'est dans le mouvement des astres que sa suprême intelligence dévoile, comme

(1) Lorsque nous disons vrai, c'est que nous parlons d'après Nostradamus ; car il n'a jamais dit que la vérité.

(2) *Accommençant* comme il le dit lui-même, *du 14 mars de l'année* 1557. Voir son épitre à Henri II.

(3) *Et sont perpétuelles vaticinations, pour d'ici à l'année* 3797. Voir son épitre à César.

dans un livre constamment ouvert à ceux qui savent y lire, ce qu'elle a décidé, et c'est par la seule inspiration divine que les vrais prophètes indiquent l'avenir. *Soli numine divino afflati præsagient, et spiritu prophetico particulari.*

Quant à ceux-ci, ils doivent bien se garder de livrer au vulgaire, les notions qu'ils ont recueillies, et ne jamais oublier cette sentence du Sauveur du monde : *Nolite sanctum dare canibus, nec mittatis margaritas ante porcos, ne conculcent pedibus;* gardez-vous de livrer aux chiens les choses saintes, et ne placez pas des perles devant les pourceaux, il les fouleraient aux pieds.

Mais, par le vulgaire, n'entendez pas seulement le menu peuple auquel les notions les plus distinctes peuvent parvenir suivant sa volonté suprême ; cachez ces mystères aux sages et à certains puissans ou rois de la terre, et rassemblez-les dans de petits recueils. *Abscondisti hæc a sapientibus et pluribus, id est, potentibus et regibus; et enucleasti ea exiguis et tenuibus;* car les prophètes seuls, par le moyen du Dieu immortel, et des bons anges, ont reçu l'esprit de prévoyance par lequel ils voient les choses lointaines, et viennent à connaître les futurs évènemens. D'autres, si haut placés qu'ils soient dans les sommités sociales, resteront toujours sans yeux pour voir, sans intelligence pour comprendre, et sans voix pour proclamer la vérité.

Ne croyez pas non plus que le don de connaître les vues et les desseins de l'éternel, soit une acquisition que vous puissiez faire par l'étude.

Quia non est nostrum noscere tempora nec momenta. Il n'appartient pas à l'homme de savoir par lui-même ce que porte en soi l'avenir ; mais comme nous sommes, tous, les instrumens de l'infinie sagesse, quelques-uns d'entre nous peuvent être subitement éclairés par un effet analogue à la douce chaleur que l'action du soleil procure aux corps matériels , organiques ou inorganiques.

On appelle aujourd'hui prophète, celui qu'autrefois on nommait un voyant : *Propheta dicitur hodie, olim vocabatur videns* , mais voir les évènemens qui ne sont pas encore nés, c'est observer simplement un effet, et nullement connaître la cause, science qui n'appartient qu'à Dieu seul ; c'est avoir simplement sur les autres hommes, une vue intellectuelle , réservée à un très petit nombre , et qui est analogue à la faculté des nyctalopes, autrement de ceux qui , sans autre secours que leurs propres yeux , distinguent nettement les objets au milieu de la nuit la plus profonde !

Quant à celui qui se sent comme appelé *à voir* , il doit être dans un état complet de calme et de corps et d'esprit.

C'est ce qu'exprime Nostradamus dans le premier quatrain de sa première centurie , en ces termes :

> Etant assis de nuict secret estude
> Seul reposé sur la selle d'airain
> Flambe exigue sortant de solitude
> Faict prospérer qui n'est à croire vain.

§. 7. Passons maintenant à quelques explications :

Machiavel a dit : « Je ne saurais en donner la rai-
« son , mais c'est un fait attesté par l'histoire an-
« cienne et moderne que, presque jamais, il n'est
« arrivé de grands malheurs, dans une ville ou dans
« une province , qu'ils n'aient été prédits par quel-
« que divinateur, ou annoncés par des révélations,
« des prodiges et autres signes célestes. » (1)

Et où trouver ce fait ou ces faits attestés par l'Histoire et qui, par leur réalisation, conduisent à admettre, dans Nostradamus, la véracité, et surtout la prévoyance *intuitive* du prophète ou de l'inspiré ?

Oh ! si de telles indications se rencontrent dans les œuvres de ce médecin célèbre , point de doute qu'il ne doive être classé dans un ordre spécial et tout particulier.

Voyons et vérifions :

(1) *Discours sur Tite-Live,* liv. 1. VI.

MORT DE CHARLES 1er ROI D'ANGLETERRE.

Centurie IX, quatrain 49.

Gand et Bruxelles marcheront contre Anvers.
Sénat de Londres *mettront à mort* leur roi.
Le sel et vin lui seront à l'envers (1),
Pour eux avoir le règne en désarroi.

Traduction. — Au temps où Gand et Bruxelles marcheront contre Anvers, le parlement de Londres mettra le roi à mort ; ses ennemis le dépouilleront de sa force et l'entraîneront hors des voies de la sagesse, pour bouleverser le royaume.

A l'époque où Nostradamus existait, et surtout à celle où parut la première édition de ses centuries (année 1558), il n'y avait pas eu d'exemple d'un roi mis à mort par ordre d'un corps constitué. Comment une telle idée a-t-elle pu apparaître à l'esprit de Nostradamus ? Comment lui est-elle venue avec celle qui la précède et qui lui fait apercevoir Gand et Bruxelles marchant contre Anvers ; ce qui, conformément à l'histoire, donne la date de l'évènement prédit ? Et quand on se rappelle que la mise à mort du roi d'Angleterre a été précédée et accompagnée en, 1649 (environ un siècle après), des circonstances indiquées. Qu'objecter ? que répondre ?

AVÈNEMENT DE CROMWEL.

Centurie VIII, quatrain 76.

Plus *macelin* que *roi* en Angleterre,
Lieu obscur nay par force aura l'empire,
Lasche sans foi, sans loi, seignera terre,
Son temps approche si près que j'en soupire.

(1) Le *sel* est le symbole de la *sagesse*, le *vin* est le symbole de la *force*, de sorte que ce vers exprime que Charles Ier manquera et de sagesse et de force.

Traduction. — Plus boucher que roi, un homme d'une basse extrac-
tion aura l'empire. Sans conscience et sans loi il opprimera
lâchement sa patrie tombée à ses pieds. Son temps approche,
il est si près que mon cœur en soupire.

Qui ne reconnait à ces traits Cromwel qui, timide au point de ne pas oser coucher deux nuits de suite dans la même chambre, retint l'Angleterre, épuisée par les guerres civiles, sous le plus humiliant de tous les jougs?

MORT DU DUC DE MONTMORENCY SOUS LOUIS XIII.

Centurie IX, quatrain 18.

Le Lys *dauffois* portera dans Nancy
Jusques en *Flandres* électeur de l'empire.
Neuve obturee au grand Montmorency
Hors lieux prouvés *délivrés* à Clerepeine.

Traduction. — Le Lys dauphin se rendra maître de Nancy, ira en
Flandres et délivrera l'électeur de Trèves. Le grand Montmorency sera enfermé dans une prison nouvellement bâtie, et
périra sous la hâche du bourreau Clerepeine, dans un lieu non
consacré aux exécutions.

OBSERVATIONS :

Pour admettre l'exactitude de cette traduction, il est bon de se rappeler les faits suivans :

1° Clerepeine est le nom de l'exécuteur qui, en 1632, sous Louis XIII, trancha à Toulouse la tête du Duc de Montmorency, après avoir été choisi tout exprès pour cette exécution (1).

Or, le Duc de Montmorency, mort en 1632, était né en 1595; c'est donc 37 ans avant sa naissance,

(1) V. les Mémoires du Chevalier de Sant, garde du cabinet
des médailles de Monsieur, frère de Louis XIII. Ils sont à la
Bibliothèque royale.

et 74 ans avant son supplice, que la prédiction qui s'est accomplie a été faite, en partant seulement de la date, 1558, de la première édition complète des Centuries.

2° Le Lys *Dauffois*, autrement le Lys Dauphin, ne peut s'entendre que de Louis XIII qui, le premier, après une interruption de trois règnes, a porté le nom de Dauphin ou *Dauffois*, Charles IX, Henri III et Henri IV, n'ayant pas été *dauphins*, parce qu'aucun d'eux n'a été le fils ou le petit-fils d'un roi régnant, la couronne leur étant attribuée par l'appel légal de la ligne collatérale, à défaut de la ligne directe.

Et, comme après la conquête de Nancy, Louis XIII alla combattre en Flandre en 1633 les Espagnols, et les chasser de Trèves où ils tenaient prisonnier l'Electeur, il est évident que le quatrain cité caractérise parfaitement Louis XIII (1).

3° *Neuve obturée*, du mot latin *obturare*, chose neuve fermée, exactement comme avec un bondon, exprime nécessairement une maison de détention, un lieu d'où l'on ne peut pas sortir; et comme il est de fait que le duc de Montmorency fut renfermé dans les prisons de l'Hôtel-de-Ville, nouvellement bâti, *il semble ici*, selon le texte de M. Bouys (2), *que Nostradamus est plutôt historien que* prophète.

(1) V. l'Abrégé du président Hénault, année 1633. Il dit : « Le roi Louis XIII entre dans Nancy qu'il garde. L'électeur de Trèves est ensuite rétabli dans sa capitale par les Français.»
(2) Nouv. Consider. sur les oracles, p. 101.

4° *Hors les lieux prouvés* pour *approuvés :* on sait que l'exécution du duc fut faite, par ordre du roi, dans la cour de l'Hôtel-de-Ville de Toulouse, malgré l'arrêt du parlement, *hors les lieux publics ordinairement adoptés.*

PORTRAIT DE LOUIS XVI.

Centurie X, quatrain 43.

Le trop bon tems, trop de bonté royale
Faits et défaits; promt, subit, négligence;
Legier croira faux d'épouse loyale
Lui mis à mort par sa bénévolence.

Traduction. — La douceur et la prospérité du royaume, jointes à sa trop grande bonté, ses incertitudes perpétuelles, ses résolutions brusques, ses mouvemens spontanés, sa négligence, sa légèreté à admettre des calomnies dirigées contre sa loyale épouse, et sa débonnaïveté le conduiront à sa perte.

Pour ne pas reconnaître ici Louis XVI, il faudrait avoir oublié que la France en 1787 était, grâces à ses soins, au plus haut degré de gloire et de prospérité; qu'un seul édit qui aurait fait cesser les obsessions des illustres mendians qui pesaient sur le trésor public, et forcé le clergé, la noblesse et la magistrature à rentrer dans la classe des contribuables, aurait fait disparaître en peu de temps le léger déficit (250,000,000), prétexte et nullement la cause de la révolution, dont les conséquences ont ouvert un immense abîme; et que, le changement de 67 ministres, pendant un règne de dix-huit ans et demi, a provoqué le dérangement complet de la machine politique soumise (1) à des impulsions et des directions qui se combattaient entre elles.

Qui ignore que cet excellent prince était brusque, s'emportait facilement, allait même jusqu'à l'emploi des gros jurons, ce qui faisait répéter souvent à Maurepas que si le Roi avait son premier coup de bouloir, tout au moins il était promptement revenu? Qui ignore que parfait économe, quant à lui, il négligea de veiller suffisamment sur les finances livrées aux folles dépenses de ses frères et des courtisans? Qui ignore son injuste colère contre Marie-Antoinette, bien innocente de l'intrigue si célèbre sous le titre d'*Affaire du Collier?*

RÉVOLUTION FRANÇAISE.

Centurie III, quatrain 59.

Barbare empire par le Tiers usurpé
La plus grand part de son *sang* mettre à mort.
Par mort *sénile* par lui le quart frappé
De peur que sang par le sang (2) ne soit mort.

(1) Ces ministres ont été MM. Amelot, Barentin, Bertrand de Molleville, Boyne, Breteuil, Brienne, Broglie, Beaulieu, Cahier de Gerville, Calonne, Castries, Champion de Cicé, Clavières, Chambonas, Clugny, Dabancourt, Danton, de Grave, Desessart, de Crosne, Dejoly, Dormesson, du Bouchage, Dumourier, Duportail, Duport du Tertre, Duranton, Foulon, Fourqueux, Fleurieu, Joly de Fleury, Lacoste, la Galaisières, Lailliac, la Jarre, la Luzerne, Lamoignon, Lambert, Laporte, Latour-Dupin, Lenoir, Liancourt, Leroux, Malesherbe, Maurepas, Miroménil, Montmorrin, Montbarrey, Mourgues, Narbonne, Necker, Pastoret, Puységur, Roland, Sartines, Ségur, Servan, Saint-Germain, Saint-Priest, Sainte-Croix, Taboureau, Tarbé, Terrier-Monceil, Thevenard, Turgot, Vergennes, Villedeuil.

(2) Le mot sang, dans Nostradamus, correspond au mot famille.

Traduction. — Le tiers-état se rend maître de l'empire : parmi les victimes qu'il dévoue au supplice, le plus grand nombre qui fait partie de lui-même, et le quart qu'il réserve à la mort naturelle, semblera être épargné seulement, de peur que la famille ne détruise pas la famille ; autrement, que la totalité de la population ne disparaisse.

EXCESSIVE BONTÉ DE LOUIS XVI.

Centurie I, quatrain 36.

Tard le monarque se viendra repentir
De n'avoir mis à mort son adversaire.
Mais viendra bien à plus haut consentir
Que tout son sang par mort fera défaire.

Traduction. — Le monarque se repentira trop tard de n'avoir pas livré au glaive des lois son ennemi. Et il viendra à consentir à ce que toute sa famille devienne un instrument de mort, comme sacrificateur ou victime.

Et en effet, si le Comte de Provence eût été, dès l'affaire Favras, mis en jugement et puni, que de meurtres et que de malheurs eussent été évités!

PROJET DE FUITE VERS MONTMÉDI.

Centurie IX, quatrain 9e.

Le roi voudra en *cité neuve* entrer
Par ennemis expugner l'on viendra.
Captif libere faux dive et perpétrer
Roi de hors être, loin d'ennemis, tiendra.

Traduction. — Le roi voudra se refugier dans une nouvelle ville : ses ennemis viendront pour l'y combattre... Il est faux de dire et de conclure de ce que le roi est dehors, que sa captivité ait cessé et qu'il tiendra loin de ses ennemis.

La nouvelle cité française dont il s'agit est Montmédi, prise par nos guerriers en 1557, et qui fut définitivement cédée par le traité des Pyrennées.

VOYAGE A VARENNES.

Centurie IX, quatrain 20.

De nuict viendra par la forest de Reines, (1)
Deux parts, (2) voltorte, (3) Herne (4) la pierre blanche.
Le moine noir (5) en gris, dedans Varennes,
Eslu cap, cause tempeste, feu, sang, tranche.

Traduction. — De nuit le mari et la femme viendront par la forêt de
Reines, le chemin est formulé en deux parts, la belle reine
vêtue de blanc, le roi qui a la dévotion d'un moine vêtu en
gris, entreront dans Varennes. Ce roi déclaré chef, l'incen-
die, les agitations, le meurtre et le pouvoir du glaive s'en sui-
vront.

Si on hésite à adopter cette traduction, nous la
justifierons par une citation tirée d'un auteur qui
mérite une grande considération comme homme de
conscience et de talent.

« On dira sans doute qu'en lisant Reine dans
« *herne* et Roi dans *noir*, on verra dans Nostra-
« damus tout ce qu'on voudra ; on aurait raison de
« le dire, si l'on supprimait, si l'on ajoutait, si l'on
« changeait plus d'une lettre dans un mot. Mais que
« l'on fasse bien attention que lorsqu'on ne trou-
« verait pas *reine* dans *herne* et *roi* dans *noir*, lors-

(1) C'est la forêt par où passe le chemin qui conduit à
Varennes et que Louis XVI prit en effet.

(2) Nostradamus désigne le mari par ces mots : *Le part*, et
la femme par ceux-ci : *la part.*

(3) *Voltorte*, tourné en deux ; en effet, le chemin par Sainte-
Ménehould et Varennes pour se rendre à Montmédi est ainsi
formulé, puisque la poste s'arrête à Varennes et que le véritable
chemin de Montmédi est celui qui passe par Châlons et Clermont
en Argonne. Comme pour aller de Varennes à Dun et Stenay
il n'y avait plus de poste, M. de Choiseul, fut obligé d'y faire
trouver des chevaux, V. rapport de M. de Bouillé.

(4) En changeant l'H en i, *herne* est l'anagramme du mot
Reine.

(5 En supprimant l'N , *noir* est l'anagramme du mot *Roi.*

« qu'il n'y aurait même que deux étoiles à la place
« de chaque mot, le sens indique assez que ce ne
« peut être que le Roi de France qui *était en gris*,
« et la Reine qui *était en blanc*, cette pierre pré-
« cieuse blanche, qui sont passés par la forêt de
« Reines, sont arrivés de *nuit* dedans Varennes, et
« par voie detournée, *voltorte*, et qui par leur
« voyage ont causé tempêtes, feu, sang, tranche ou
« tête tranchée. » Ce verset exprime tous les mal-
« heurs qui suivirent son élection de roi constitu-
« tionnel, *eslu cap*, et sa fuite à Varennes. »(1)

Centurie IX, quatrain 34.

Le part solus, mari sera *mitré*.
Retour *conflict* passera sur le *thuille*
Par cinq cent-un trahi sera *titré*
Narbon et Saulce par quartauts avons d'huile.

Traduction. — Le mari seul sera chagrin de la coiffure qui lui sera
imposée; après un retour tumultueux il passera aux Tuileries,
il sera reconnu victime d'une multitude de traîtres, parmi les-
quels Narbonne et l'épicier Saulce.

Le bonnet rouge, espèce de mitre ne fut-il pas
le 20 juin 1792, placé sur la tête de l'infortuné monarque? Les Tuileries n'ont-elles pas leur nom de
ce qu'elles sont assises sur un terrain où l'on fabri-
quait anciennement de la tuile? A-t-on oublié que
Narbonne, ministre de la guerre, n'agissait pas dans
les intérêts de Louis XVI (2)? et que c'est chez
Saulce, marchand épicier-chandelier et procureur

(1) *Nouvelles Considérations sur les Oracles*, etc., par
Théodore Bouys, p. 58. Paris, 1806, D*senne et Debray, li-
braires. De l'impr. de H. Perronneau.

(2) V. *Histoire de la Révolution*, par Bertrand de Molleville.

de la commune, que Louis et sa famille passèrent la nuit à Varennes (1)?

Objectera-t-on qu'il y a ici déplacement dans les dates? Nous croyons trouver une explication satisfaisante dans ce que dit l'auteur que nous avons déjà mis à contribution (2).

« En faisant attention que l'évènement qui est
« consigné dans le premier vers *mari sera mitré*,
« devrait être le dernier du quatrain, mais que Nos
« tradamus a mieux aimé placer dans le dernier
« vers la trahison de Saulce, marchand épicier de
« Varennes, *dont par quartauts avons d'huile*,
« comme l'évènement le plus remarquable, et
« dont les suites ont été les plus funestes pour
« Louis XVI.... *passera sur le Thuile au retour*
« *conflict*; c'est-à-dire passera de Versailles aux
« Tuileries, au retour d'un conflit de populace, de
« brigands armés qui l'entraîneront avec eux et
« le forceront à s'établir sur le *Thuile*, sur l'endroit
« où on faisait anciennement de la tuile. »

« Ce malheureux Roi sera trahi par des milliers
« de Français, par *cinq cent un*, nombre quelcon
« que pour exprimer la quantité indéfinie de ceux
« qui le trahiront, quoique décoré du vain titre de
« *roi constitutionnel*, TRAHI SERA TITRÉ. »

(1) V. les journaux du temps et surtout l'*Histoire de la Révolution*, par deux amis de la liberté en 7 volumes, où l'on trouve, tome VII, p. 126, au sujet de l'arrivée de Louis XVI à Varennes, sur les *onze heures* du soir : *Le Roi prend ses enfans par la main, et se rend avec sa famille chez M. Saulce*, etc.

(2) M. Bouys.

« Parmi les traîtres, le prophète désigne plus
« particulièrement Saulce, ce procureur de la com-
« mune de Varennes, ce marchand épicier-chan-
« delier, dont nous avons *d'huile par quartauts*; car
« par *quartaut* on peut entendre également le
« quart d'un muid ou le quart d'une livre. Enfin, il
« sera *mitré* ou coiffé d'une mitre burlesque par le
« bonnet rouge, commencement des outrages pu-
« blics qui ont toujours été en augmentant jusqu'à
« sa mort. »

« Quoique le nom de Louis XVI ne se trouve pas
« dans ce quatrain, je crois qu'il est désigné d'une
« manière assez apparente pour qu'on puisse le re-
« connaître. »

« Lorsque l'on sait que le roi et sa famille descen-
« dirent à Varennes chez Saulce, procureur de la
« commune et marchand épicier, qui leur donna
« quelques rafraîchissemens, les engagea à passer la
« nuit dans sa maison, et les fit arrêter le lendemain
« matin, 22 juin 1791, malgré les instances, les priè-
« res, les supplications de ces augustes et malheu-
« reux voyageurs qui, pour ainsi dire, étaient à ses
« genoux, et lorsqu'on trouve dans ce quatrain, que
« celui qui en est l'objet sera trahi par des milliers
« de français, par Narbon et surtout par Saulce,
« *dont par quartauts, par quarterons avons*
« *d'huile,* il est difficile de n'être pas convaincu que
« Louis XVI est clairement désigné.

« Il est difficile que le hasard fasse de telles ren-
« contres »(1).

____

(1) *Nouv. Consid. sur les oracles,* p. 62.

CONSÉQUENCE DE L'ARRESTATION A VARENNES.

Centurie VIII, quatrain 87.

Mort conspirée viendra en plein effet,
Charge donnée et voyage de mort.
Eslu, créé, reçu, par siens défaits.
Sang d'innocence devant soi par remort.

Traduction. — Les embarras qui lui seront imposés comme un far-
deau, et le funeste voyage qui lui avait été conseillé, amenè-
rent le succès de la conspiration tramée contre ses jours ;
après avoir été *élu* roi des Français , *créé* restaurateur de la
liberté et *reçu* avec enthousiasme, il sera défait par les siens,
parce que l'horreur qu'il éprouve à la seule idée de faire cou-
ler le sang innocent, aura paralysé sa défense.

MORT DE LOUIS XVI ET DE LA REINE.

Dénégation de l'*existence* de leur fils, mise à mort de la Dubarry.

Centurie IX , quatrain 77.

Le règne, prins le roi convicra
La dame prinse à mort jurés à sort.
La vie à royne fils on désniera
Et la pellix au fort de la consort,

Traduction. — Le roi pris, le gouvernement le déclarera convaincu
et le condamnera, des jurés prononceront la peine de mort
contre la reine ; quand au petit roi, on se contentera de nier
qu'il existe , et la courtisanne, au château-fort, éprouvera le
même supplice que le roi et la reine.

M. de Bouys (1) traduit le mot *règne* par l'assemblée régnante qui *convicra*, ou dira avoir convaincu
le roi pris ; il remarque que l'on trouve dans de très
anciennes éditions, *conviera* au lieu de convicra, et
dit qu'alors il vient du mot latin *conviare* , *comitari
per viam* , ce qui signifierait ici ordonner le convoi
funèbre du roi et de la reine. «Ainsi, ajoute-t-il , on
« lirait : « *Le règne conviera à mort le roi pris; les*
« *jurés à sort convieront à mort la dame du roi*
« *prise, ou le règne ordonnera le convoi funèbre du*

(1) *Nouv. Consid. sur les oracles,* p. 70.

« *roi, et les jurés ordonneront le convoi funèbre*
« *de la dame du roi prise.* »

Le même auteur fait observer que le mot *pellix*
est un mot latin diminutif de *Pellex* , concubine, et
que cette concubine ne peut s'entendre que de la Dubarry. En effet, elle avait été la maîtresse de Louis XV,
elle habitait le palais de Luciennes , ancien *fort* ou
maison de force, et elle a été suppliciée de la même
manière que la reine et le roi.

MORT DE LA PRINCESSE DE LAMBALLE.

Centurie XI. Sixain 55.

Un peu devant ou après très grand'dame
Son âme au ciel et son corps sous la lame
De plusieurs gens regrettée sera ;
Tous ses parens seront en grand'tristesse ,
Pleurs et soupirs d'une *dame en jeunesse*
Et à deux grands le deuil délaissera.

Ce sixain se comprend facilement : Le genre
de mort, les regrets du duc de Penthièvre et de
tous les Carignans ; les pleurs de Madame Royale
et le deuil que le roi et la reine en portèrent dans
le cœur, sont des signes évidens qu'il s'agit ici de
la princesse de Lamballe.

DAUPHIN — COMBUSTION DES RESTES DE LOUIS XVI.

Centurie VI , quatrain 92.

Prince sera de beauté tant vénuste
Au chef menée, au second fait trahi.
La cité au glaive de poudre face *aduste* (1)
Par trop grand meurtre le chef du roi *haï*.

Traduction. — Comme *homme*, le prince sera d'une telle beauté qu'il
tiendra le premier rang ; comme prince, la trahison le pour-
suivra. Paris, la Cité au glaive, couvrira d'une poussière brû-
lante la tête du roi devenu pour elle un objet d'horreur, par
le fait du meurtre dont il a été la victime.

(1) D'*adurere*, brûler, au supin *adustum*.

Ces vers peuvent-ils être autrement expliqués ? n'y voit-on pas, et le cadavre de Louis XVI dévoré par la chaux vive, et ce jeune enfant, la gloire, l'admiration et l'amour de son auguste famille ?

NOYADES DE NANTES.

MARIAGES RÉPUBLICAINS.

Centurie V, quatrain 33.

Des principaux de Cité rebellée
Qui tiendront fort pour liberté ravoir.
De trancher mâles. infelice meslée,
Cris, hurlemens à Nantes piteux voir.

Traduction. — Les principaux de la ville, en pleine rébellion, sous le prétexte de la défense de la liberté, feront massacrer une multitude d'hommes ; et dans sa rage, confondant les âges et les sexes, au milieu des cris et des hurlemens, Nantes présentera le plus horrible spectacle.

MARIAGE DE MADAME ROYALE AVEC LE DUC D'ANGOULÊME.

Centurie XI, quatrain 17.

La royne *estrange* voyant sa fille blesme
Par un regret dans l'estomac enclos,
Cris lamentables seront lors d'Angoulême
Et aux Germains mariage forclos.

Traduction. — La reine, de nation étrangère, voyant dépérir sa fille par suite de son attachement pour le duc d'Angoulême, et la peine mortelle de celui-ci, de n'avoir pas sa cousine pour épouse, les princes Allemands seront éloignés.

OBSERVATION.

Qui ignore que Marie-Antoinette voulait accorder la main de sa fille à un prince d'Allemagne, que le duc d'Angoulême et madame Royale qui s'aimaient dès l'enfance, en eurent un mortel déplaisir, et que dès lors leur union qui s'est réalisée depuis, fut résolue du consentement, et de la reine et du roi, à l'exclusion des princes d'Allemagne.

§ 8 et dernier.

OBSERVATIONS

Sur les quatrains et sixains cités.

Les citations sont extraites de l'édition de 1558, faite du vivant de Nostradamus.

Elles ont été collationnées sur l'édition de Lyon de 1568, d'après l'exemplaire de la Bibliothèque Royale de Paris.

On demandera peut-être pourquoi dans ce livre désormais authentique, on trouve des énigmes presque inexplicables, et un désordre continuel dans le récit d'évènemens qui devaient régulièrement et successivement se reproduire? Pourquoi enfin cette perpétuelle obscurité se mêlant, presque à chaque mot, à une clarté qui devrait être pure comme celle du soleil?

Il y a long-temps qu'il est reçu cet adage devenu populaire : *Toute vérité n'est pas bonne à dire* :

Nostradamus le connaissait aussi, et il explique suffisamment le besoin où il était de s'environner d'utiles ténèbres, lorsqu'il dit :

Centurie IV, quatrain 18.

Des plus lettrés dessus les faits célestes
Seront par princes ignorans réprouvés.
Punis d'édits, chassés comme *scélestes*
Et mis à mort là où seront trouvés.

Traduction. — Les plus savans dans le système universel des êtres seront réprouvés par l'ignorance des princes, condamnés par des édits aux plus fortes peines, chassés comme des scélérats et mis à mort là où ils seront trouvés.

Ces considérations étaient assez judicieuses et assez graves, sans doute, pour que Nostradamus se tînt sur une certaine réserve : tout le monde en conviendra. Est-ce une raison pour l'adopter comme prophète ? Non, sans doute ; mais nous demandons aux plus doctes, et surtout aux esprits forts qui, dans toute question sur un fait déclaré inexplicable, par eux, se résument à n'y voir qu'un produit du hasard, nous leur demandons, disons-nous, de résoudre les questions suivantes :

Le hasard peut-il rassembler dans un quatrain, la réintégration d'un électeur de l'empire, l'arrestation et le supplice d'un Montmorency, dans une prison nouvellement bâtie, et sa mise à mort par le bourreau Clerepeine ?

Le hasard a-t-il pu désigner dans un autre quatrain, la condamnation par un sénat ou parlement, d'un Roi d'Angleterre et son exécution, lorsque, jusqu'à la prédiction, un tel évènement n'avait jamais eu d'exemple, et donner pour date à l'accomplissement d'un tel attentat, le temps où Gand et Bruxelles marchèrent contre Anvers ?

Dans un autre quatrain, vous voyez un autre roi jugé, condamné et exécuté à la voix d'une assemblée régnante, son épouse condamnée à mort par des jurés ; l'*existence déniée* à leur fils qu'on n'ose pas assasssiner et qu'on ne peut pas juger, car il a beau dire : *J'existe!* on répond : *Non, vous êtes mort!* Pour terminer le tableau, une courtisane fameuse est suppliciée. Soutiendra-t-on que le hasard a fait que ces quatre évènemens se soient accomplis pendant la révolution française ?

Si vous placez un si grand pouvoir dans les mains du hasard, puissance inconnue qui ne tient ni au ciel ni à la terre, est muette pour le cœur et reste sans lumière pour l'esprit, je vous avouerai que je préfère croire avec M. Bouys, que Dieu accorde à des êtres privilégiés une clairvoyance *intuitive*, intérieure et personnelle qui leur permet de lire le présent comme l'avenir, dans le grand livre de l'univers.

Si le public adopte ce premier voyage : nous nous ferons un devoir de l'initier dans ce que les suivans nous auront fait connaître de plus intéressant.

LAGNY. -- Imp. D'A. LE BOYER et Comp.